BEI GRIN MACHT SICH IHR WISSEN BEZAHLT

- Wir veröffentlichen Ihre Hausarbeit,
  Bachelor- und Masterarbeit

- Ihr eigenes eBook und Buch -
  weltweit in allen wichtigen Shops

- Verdienen Sie an jedem Verkauf

Jetzt bei www.GRIN.com hochladen
und kostenlos publizieren

Matthias Jüttner

Phänologie - Entwicklung der Vegetation in Abhängigkeit der Klimaänderung im Jahresgang

GRIN Verlag

Bibliografische Information der Deutschen Nationalbibliothek:

Die Deutsche Bibliothek verzeichnet diese Publikation in der Deutschen National-
bibliografie; detaillierte bibliografische Daten sind im Internet über http://dnb.d-
nb.de/ abrufbar.

Impressum:

Copyright © 2005 GRIN Verlag, Open Publishing GmbH
Druck und Bindung: Books on Demand GmbH, Norderstedt Germany
ISBN: 978-3-640-84455-5

Dieses Buch bei GRIN:

http://www.grin.com/de/e-book/167742/phaenologie-entwicklung-der-vegetation-
in-abhaengigkeit-der-klimaaenderung

Phänologie

Matthias Jüttner

Inhaltsverzeichnis

<u>Einleitung</u>

So wie sich auf unserer Erde die Großklimate je nach geographischer Lage verändern zeigt sich in verschiedenen Klimazonen auch eine unterschiedliche, für diese Klimazone typische, Vegetation. Der Einfluss des Klimas, und damit des auf Dauer vorherrschenden Wetters auf die Pflanzendecke der Erde liegt also auf der Hand. Das Klima ändert sich aber lokal, je nach geographischer Breite mehr oder weniger, auch über ein Jahr gesehen und bringt so die uns bekannten Jahreszeiten hervor. Die Pflanzendecke unterliegt auch in diesen kurzzeitigen Klimawechseln einer starken Veränderung. Jede Jahreszeit hat also eine für sie typische Vegetation. Die Veränderung des Bewuchses über ein Jahr ist vor allem in den mittleren Breiten gut zu beobachten. Dort sind die Temperatur- und Feuchtigkeitsunterschiede der verschiedenen Jahreszeiten am größten, diese zwei Größen sind demnach auch die Hauptmerkmale für die Pflanzenentwicklung.

Die wissenschaftliche Disziplin die sich mit der Veränderung einzelner Pflanzen, aber auch ganzer Pflanzengesellschaften beschäftigt, ist die *Phänologie*. Untersucht wird die Entwicklung der Vegetation in Abhängigkeit der Klimaänderung im Jahresgang. Es wird beobachtet wann bestimmte Pflanzen oder Gesellschaften bestimmte Entwicklungsstadien durchlaufen, als Beispiel wäre etwa der Zeitpunkt des Erblühens zu nennen. Das Jahresklima folgt aber von Jahr zu Jahr nicht immer dem gleichen Muster, sondern es gibt Veränderungen je nach Entwicklung des Klimas auf der Erde. So können bestimmte Termine wie der genannte Blühbeginn in aufeinanderfolgenden Jahren stark variieren. Der Mensch ist vor allem in der Landwirtschaft stark vom Wissen über das Verhalten der Pflanzen unter bestimmten Witterungsverhältnissen abhängig. Er verändert sie aber auch selbst, durch Eingriffe in den Wuchs etwa beim Züchten und der anschließenden Mahd, oder auch durch allgemeine Eingriffe in die Natur wie etwa der Bau von Städten und Straßen. Der folgende Text befasst sich mit der Phänologie wie sie unter natürlichen Bedingungen zu beobachten ist, aber auch mit dem Einfluss den eine Großstadt auf die Periodizität der Vegetation hat, in diesem Falle München. Im ersten Teil sollen aber zunächst Definitionen einiger in der Phänologie gebräuchlichen Ausdrücke vermittelt werden um das Thema dann später genauer betrachten zu können.

I. Phänologische Grundlagen und Methodik

I.1. Phänologische Grundbegriffe

Um den Erscheinungswandel der Vegetation beschreiben zu können gibt es Begriffe in der Phänologie die einer genaueren Betrachtung bedürfen. Sie beziehen sich auf Merkmale einzelner Pflanzen, aber auch auf die Betrachtung der gesamten Entwicklung über ein Jahr, und die Einteilung in verschiedene Gruppen.

I.1.a. Phänostufen

Phänostufen sind die verschiedenen Stufen der Entwicklung einer einzelnen Pflanze. Im Jahresverlauf durchläuft eine Pflanze immer die gleichen Veränderungen bezüglich ihrer äußeren Erscheinung und der Ausbildung von verschiedenen Organen. Wann sich aber eine bestimmte Stufe einstellt ist von dem Verlauf des Jahresklimas abhängig und kann von Jahr zu Jahr stark variieren. Die Merkmale zu Bestimmung der Phänostufen wurden in einem 11 stufigen Schlüssel zusammengefasst (Abb. 1). Der Schlüssel ist unterteilt in Laubhölzer, Kräuter und Gräser, und gibt die verschiedenen Entwicklungsstadien für die vegetative und generative Entwicklung an. Die vegetativen Merkmale beziehen sich auf die äußere Erscheinung des Sprosses und der Laubblätter, die generativen Merkmale dagegen auf die Form der Blüte bzw. des Blütenstandes. Eine gleiche Ziffer bedeutet dass sich die Pflanzen, obwohl sie sich grundlegend voneinander unterscheiden, in einem ähnlichen Entwicklungszustand befinden (Dierschke,1994,366). Solche Schlüssel gibt es in ähnlicher Form auch für Farne, Bärlappe und Schachtelhalme.

vegetative Phänostufen

Sommergrüne Laubhölzer	*Kräuter:* blattreiche (blattarme) Pflanzen	*Gräser/Grasartige*
0 **Knospen** völlig geschlossen	0 ohne neue oberirdische Triebe	0 ohne neue oberirdische Triebe
1 Knospen mit grünen Spitzen	1 neue Triebe ohne entfaltete Blätter	1 neue Triebe ohne entf. Blätter
2 grüne Blatttüten	2 erstes Blatt entfaltet (bis 25% entwickelt)	2 erstes neues Blatt entfaltet
3 Blattentfaltung bis 25%	3 2-3 Blätter entfaltet (bis 50% entwickelt)	3 2—3 Blätter entfaltet
4 Blattentfaltung bis 50%	4 mehrere Blätter entfaltet (bis 75% entwickelt)	4 beginnende Halmentwicklung
5 Blattentfaltung bis 75%	5 fast alle Blätter entfaltet (fast voll entwickelt)	5 Halme teilweise ausgebildet
6 volle Blattentfaltung	6 voll entwickelt	6 Pflanze voll entwickelt
7 erste Blätter vergilbt	7 beginnende Vergilbung, Blütenstängel vergilbt	7 beginnende Vergilbung bis vergilbte Halme
8 Blattverfärbung bis 50%	8 Vergilbung bis 50%	8 Vergilbung bis 50%
9 Blattverfärbung bis 75%	9 Vergilbung über 50%	9 Vergilbung über 50%
10 Blattverfärbung über 75%	10 oberirdisch abgestorben	10 oberirdisch abgestorben
11 kahl	11 oberirdisch verschwunden	11 oberirdisch verschwunden

generative Phänostufen

Sommergrüne Laubhölzer	*Kräuter:* blattreiche(blattarme)Pflanzen	*Gräser/Grasartige*
0 ohne Blütenknospen	0 ohne Blütenknospen	0 ohne erkennbaren Blutenstand
1 Knospen erkennbar	1 Blütenknospen erkennbar	1 Blütenstand erkennbar, eingeschlossen
2 Blütenknospen stark geschwollen	2 Blütenknospen stark geschwollen	2 Blütenstand sichtbar <u>nicht</u> entfaltet
3 kurz vor der Blüte	3 kurz vor der Blüte	3 Blütenstand entfaltet

4 beginnende Blüte 5.bis 25% erblüht 4 beginnende Blüte 4 erste Blüten stäubend

5 bis 25% erblüht 5 bis 25% erblüht 5 bis 25% stäubend

6 bis 50% erblüht 6 bis 50% erblüht 6 bis 50% stäubend

7 Vollblüte 7 Vollblüte 7 Vollblüte

8 abblühend 8 abblühend 8 abblühend

9 völlig verblüht 9 völlig verblüht 9 völlig verblüht

10 fruchtend 10 fruchtend 10 fruchtend

11 Ausstreuen der Samen bzw. 11 Ausstreuen der Samen bzw. 11 Ausstreuen der Samen

 Abwerfen der Früchte Abwerfen der Früchte

Abb. 1: vegetative und generative Phänostufen von Blütenpflanzen
 (Quelle: Dierschke, 1994, 367)

Statt einzelne Merkmale zu erfassen gibt es auch die Möglichkeit, quantitative Angaben zur Entwicklung von Pflanzenbeständen zu machen. Auf eigens abgegrenzten Flächen, sog. Dauerflächen, werden dabei die Einzelpflanzen gezählt um den Deckungsgrad einer Art auf dieser Fläche festzustellen. Ist dies nicht möglich wird der Deckungsgrad geschätzt. Aber auch Messungen, etwa der Sprosshöhe und –dichte oder der Blattgröße, werden durchgeführt. Eine quantitative Angabe für generative Phänostufen gibt Abb.2. Anhand dieses Schlüssels kann man die Blühintensität einer einzelnen Art festlegen. Handelt es sich um fruchtende Pflanzen kann auch z.B. die Zahl der Früchte oder Samen pro Einzelpflanze als quantitative Angabe angewandt werden.

1 wenige unauffällige Einzelblüten
2 wenige auffällige Einzelblüten
3 viele unauffällige Blüten
4 viele auffällige Blüten
5 aspektbildende Massenblüte

Abb. 2.: quantitative Angabe von Phänostufen
(Quelle: Dierschke, 1994, 369)

I.1.b. Phänologische Pflanzentypen

Mit den genannten Angaben zu Entwicklung einer Pflanze lassen sich jetzt verschiedene Pflanzenarten in Gruppen unterteilen. Diese *phänologischen Pflanzentypen* beinhalten verschiedene Arten die jedoch einen gleichen oder annähernd gleichen Entwicklungsrhythmus aufweisen. Auch diese Pflanzentypen sind nach vegetativen und generativen Merkmalen unterschieden, es gibt aber auch Einteilungen die so viele phänologische Merkmale berücksichtigen wie möglich. Beispiele für eine solche Differenzierung zeigen die Abbildungen 3 und 4. Die erste Gliederung von DIELS (1918) zeigt 3 Typen von Laubwaldpflanzen, unterschieden nach vegetativen Merkmalen, die zweite von DIERSCHKE (1982) kombiniert die vegetative Blattentwicklung mit dem generativen Merkmal der Blütenbildung.

1. *Asperula*-Typ: dauerndes Wachstum, ohne Speicherorgane. Ruhezeit durch den Winter erzwungen (z. B. *Galium odoratum*, *Mercurialis perennis*).
2. *Leucojum*-Typ: Wachstum vom Herbst bis zum Frühjahr mit teilweise erzwungener Ruhezeit im Winter, mit Speicherorganen (z. B. *Arum maculatum*, *Leucojum vernum*, *Ranunculus ficaria*).
3. *Polygonatum*-Typ: endogene Winterruhe; auch im Gewächshaus erst im Frühjahr austreibend (z. B. *Corydalis cava*, *Convallaria majalis*, *Dentaria*).

1. Blütenbildung vor der Blattentwicklung: eine Reihe von Frühlingsblühern, z. B. *Alnus*, *Acer platanoides*, *Cornus mas*, *Fraxinus*, *Prunus spinosa*; *Carex digitata*, *C. umbrosa*, *Daphne mezereum*, *Helleborus viridis*, *Hepatica*, *Luzula pilosa*, *Petasites*, *Tussilago*.
2. Blütenbildung während der Blattentwicklung: eine Reihe weiterer Frühlingsblüher, z. B. *Betula*, *Fagus*, *Prunus avium*, *Quercus*; *Anemone*, *Carex montana*, *Chrysosplenium*, *Corydalis cava*, *Leucojum vernum*, *Luzula sylvatica*, *Mercurialis perennis*, *Oxalis acetosella*.
3. Blütenbildung nach der Blattentwicklung: die meisten unserer Pflanzen.

Viele Gruppierungen von Pflanzen richten sich

Abb. 3: vegetative Pflanzentypen in einem Laubwald nach DIELS (Quelle: Dierschke, 1994, 374)

Abb. 4: Pflanzentypen nach vegetativen und generativen Merkmalen nach DIERSCHKE (Quelle: Dierschke, 1994, 375)

Die Blüte einer Pflanze ist bei einer solchen Einteilung auch ein wichtiges, und zugleich gut erkennbares Merkmal. Während jedoch die Blühdauer verschiedener Pflanzen stark variieren lässt der Blühbeginn bzw. der Zeitraum bis zur Vollblüte eine recht gute Einteilung in Pflanzentypen zu.

I.1.c. Phänophasen

Die Beobachtung ähnlicher Entwicklung bei verschiedenen Pflanzen, und vor allem der Blühbeginn, haben in der Vergangenheit zu einer Gliederung des Jahres in verschiedene Abschnitte geführt. Diese Abschnitte, *Phänophasen* genannt, werden von genau diesen Pflanzenmerkmalen an verschiedenen Arten eingeteilt. Da sich über mehrere Jahre der Rhythmus zwar leicht, aber nicht grundlegend, ändert weil die Entwicklung der Pflanzen vom Klima, also von den Jahreszeiten abhängt, nennt man diese Phasen auch *phänologische Jahreszeiten*. Auch der Mensch wird in diese Einteilung miteinbezogen Die Einteilung nach SCHNELLE gliedert die Hauptvegetationszeit in 9 Phänophasen: (aus: Schmidt, 1969, 81f.)

1. Vorfrühling   -   Schneeglöckchenblüte und Stäuben der Haselnuss
⇨ bis Blüte der Salweide

2. Erstfrühling   -   Blüte der Beerensträucher und einiger Obstbäume
(Kirsche, Pflaume, Birne),
Laubentfaltung der Birke und Rosskastanie

3. Vollfrühling   -   Apfel- und Fliederblüte,
Blattentwicklung bei Buche, Linde und Eiche

4. Frühsommer   -   optimale Blüte von Getreide und Wiesen,
Holunderblüte

⇨ endet in etwa mit der Heuernte

5. Hochsommer - Blüte der Linde und Kartoffel,
Reife der Johannisbeere
⇨ Hochzeit der Getreideernte

6. Spätsommer - Blühbeginn der Heide,
Reife der frühen Obstsorten
⇨ Zeit der zweiten Heuernte

7. Frühherbst - Blüte der Herbstzeitlosen,
Reife der Holunderbeere
⇨ Zeit der Obsternte

8. Vollherbst - Reife von Kastanien, Eicheln, Walnüssen,
Obstbäume kahl, Laubfärbung des Waldes
⇨ Kartoffelernte, Aussaat von Wintergetreide

9. Spätherbst - Keimen des Wintergetreides,
Zeit des allgemeinen Laubfalls
⇨ keine Feldarbeit, kaum pflanzliches Wachstum

Die Länge der Phänophasen und auch der Beginn einer einzelnen Phase in einem bestimmten Jahr ist nicht immer gleich, da wie erwähnt auch das Klima jährlichen Schwankungen ausgesetzt ist. Um also die Phasen möglichst genau einteilen zu können sind langjährige Beobachtungen nötig. Ein Zeitraum von mindestens 10 Jahren ist erforderlich, wie in der Klimatologie bei der Datenerfassung bezüglich Temperatur und Niederschlag wird in der Regel ein Beobachtungszeitraum von 30 Jahren gewählt.

I.2. Aufnahme und Auswertung phänologischer Daten

I.2.a. Aufnahme von Beobachtungsdaten

Um die Beobachtungen in der Vegetationsentwicklung sinnvoll nutzen zu können müssen sie in irgendeiner Form tabellarisch oder graphisch dargestellt werden. Um die Daten zu sammeln muss dafür zuerst einmal ein Aufnahmeformular angelegt werden auf dem die Phänostufen der einzelnen im Bestand vorkommenden Pflanzen zu bestimmten Aufnahmezeitpunkten festgehalten werden. (Abb. 5) In vielen Fällen werden die Intervalle der Erfassung auf 10 bis 14 Tage gesetzt, je kürzer die Abstände der Einträge in das Aufnahmeformular sind desto genauer sind aber auch die Ergebnisse. Die Arten werden grob erfasst und in alphabetischer Reihenfolge, getrennt nach Baum-, Strauch- und Krautschicht, aufgeführt. Jede Art erhält zwei Spalten, eine für die vegetative, und eine zweite für die generative Entwicklungsstufe. Neben dem Datum der Eintragung kann man allgemeine Angaben hinzufügen, wie etwa im Beispiel den Deckungsgrad der verschiedenen Schichten. Aus einem solchen Aufnahmeformular gehen nach deren Auswertung phänologische Tabellen hervor.

Um aber eine solche Tabelle erstellen zu können sind noch Notizen nötig die über die reine Pflanzenerfassung hinaus gehen. Dies sind beispielsweise Angaben über die Artenzahl, die Zahl der blühenden Arten, die Wuchshöhe oder die jeweilige Phänophase in der man sich zum Aufnahmezeitpunkt befindet, alles Werte die später in einer solchen Tabelle auftauchen. Daneben sind auch Angaben zu den Bodenverhältnissen im Erfassungszeitraum sinnvoll, da sie spätere Rückschlüsse über die Entwicklung des Bestandes zulassen. Bodenmerkmale die erfasst werden sollten sind vor allem die Zusammensetzung des Bodens, Feuchte- und Temperaturverhältnisse und die Grundwassersituation der Aufnahmefläche.

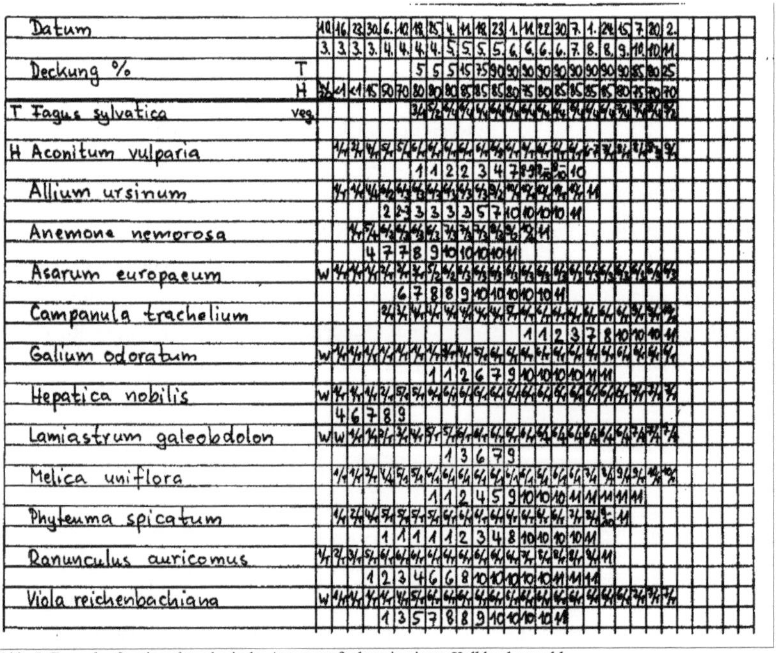

Abb. 5: Formular für eine phänologische Artenenaufnahme in einem Kalkbuchenwald
(Quelle: Dierschke, 1994, 370)

I.2.b. phänologische Tabellen

Sind die nötigen Daten zusammengetragen gehen aus ihnen direkt phänologische Tabelle mit allen Informationen die über die gesamte Aufnahmezeit gesammelt wurden. (Abb. 6). Um aufeinanderfolgende Jahre miteinander zu vergleichen sind Tabellen dieser Art die genaueste Darstellungsform. Alle Daten sind genau festgehalten und geben deutlich eventuelle Abweichungen wieder. Für einen schnellen Überblick über die Gesamtsituation einer Datenaufnahme sind sie jedoch etwas unübersichtlich. Deshalb verwendet man für einen besseren Überblick gerne eine graphische Darstellung der Entwicklungsstufen.

	Datum	Tag	10.	16.	23.	30.	6.	10.	18.	25.	4.	11.	18.	23.	1.	11.	23.	30.	7.	1.	24.	15.	7.	20.	2.
		Monat	3.	3.	3.	3.	4.	4.	4.	4.	5.	5.	5.	5.	6.	6.	6.	6.	7.	8.	8.	9.	10.	10.	11.
	Phänophase		1	1	1	2	2	2	3	3	3	4	5–6	6	6	6	7	7	8	8	8	9	9	10	10
	Deckung % B								5	5	5	15	75	90	90	90	90	90	90	90	90	90	85	80	25
	Kr		W20	<1	<1	15	50	70	60	60	80	85	85	85	80	75	80	85	85	85	85	80	75	70	70
	Artenzahl		24	27	31	33	35	35	35	35	35	35	35	33	38	35	32	32	30	31	29	27	27	27	27
	Zahl blühender Arten		–	1	1	4	8	9	6	8	5	8	9	9	3	1	3	3	2	2	1	–	–	–	–

(Es folgen die Artenzeilen (B / Kr) mit den Phänostufen-Werten: u. a. Fagus sylvatica, Hepatica nobilis, Pulmonaria officinalis, Mercurialis perennis, Anemone nemorosa, Arum europaeum, Viola reichenbachiana, Ranunculus auricomus, Lathyrus vernus, _…; die Zahlenwerte der Artenzeilen sind in der Vorlage weitgehend unleserlich.)_

Abb. 6: Phänologische Tabelle eines Kalkbuchenwaldes entstanden aus dem Formular in Abb. 6
(Quelle: Dierschke, 1994, 371)

I.2.c. Phänospektren

Zur besseren Übersicht werden in einem *Phänospektrum* die Zahlenwerte für die Phänostufen durch einen Querbalken für jede Pflanzenart ersetzt. (Abb. 7 - siehe Anhang I) Zur Verdeutlichung der Phänostufen werden diese Balken in verschieden gekennzeichnete Abschnitte unterteilt, jedes Teilstück für eine oder auch mehrere Phänostufen.

DIERSCHKE (1994) unterscheidet nach Inhalt und Art der Darstellung mehrere Spektren. So kann man differenzieren ob nur der Eintritt und die Dauer der jeweiligen Phänostufe angegeben ist (*qualitatives Phänospektrum*), oder ob quantitative Informationen, wie Blütenmenge, Deckungsgrad, usw., ebenfalls enthalten sind (*quantitatives Phänospektrum*). Außerdem unterscheidet man zwischen vollständigen und unvollständigen Spektren, je nachdem ob alle Pflanzenarten des Bestandes aufgeführt sind (vollständig), oder eben nur bestimmte, ausgewählte Arten (unvollständig). *Teilspektren* beinhalten nur die Darstellung eines ganz bestimmten Entwicklungsmerkmals (Abb. 8). Es ist häufig der Fall dass Spektren nur eine Phänostufe

behandeln, v.a. bei Merkmalen die aussagekräftig für die Pflanzenentwicklung über das Jahr sind wie z.B. der Blühbeginn und die Zeit bis zur Vollblüte, wie in Abschnitt I.2.b. schon erwähnt.

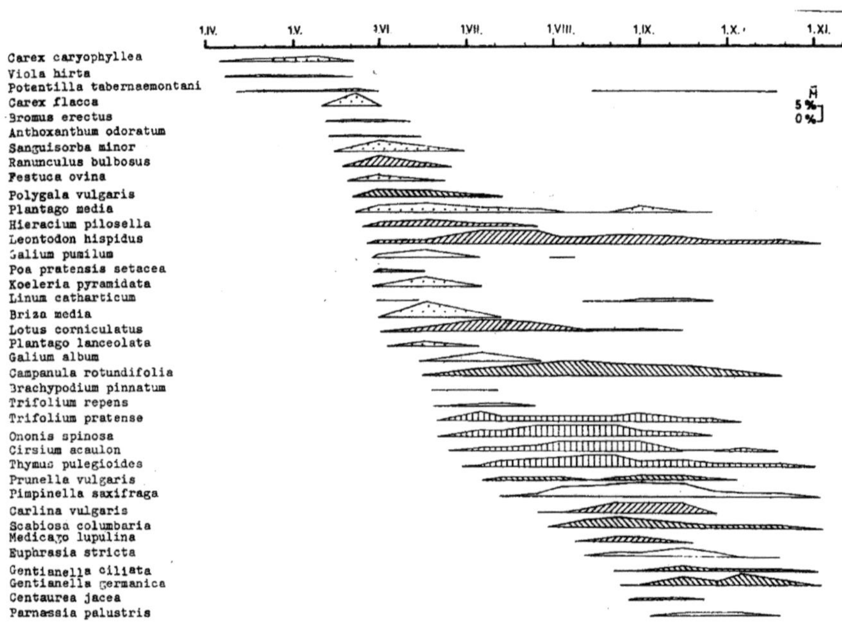

Abb. 8: Teilspektrum des Blühverlaufs in einem Kalkmagerrasen (aus FÜLLEKRUG 1969)
(Quelle: Dierschke, 1994, 375)

Bei der Art der Auflistung des Bestandes kann man zwischen zwei Varianten wählen. Das *analytische Phänospektrum* (Abb. 7 – Anhang I) gibt alle Einzelarten wieder, wie in den vorangegangenen Abbildungen ersichtlich. In einem *synthetischen Phänospektrum* werden die phänologischen Pflanzentypen, abhängig von einem beliebigen Merkmal, zusammengefasst dargestellt.

Einige Beispiele machen deutlich dass Phänospektren bei der Darstellung von Daten für viele Zwecke eingesetzt werden, und wie sie sich auch nicht nur in ihrer Aussage, sondern auch in ihrem äußeren Bild unterscheiden. Abb. 9 zeigt eine Variante aus einem Kalkbuchenwald bei der die Arten zusammengefasst wurden die einen ähnlichen Blühbeginn aufweisen, also eine Sortierung nach Phänostufen. Diese Darstellung zeigt außerdem leicht sichtbar die Gliederung in verschiedene phänologische Pflanzentypen. Informationen wie die genauen Messdaten oder welche Art in welcher Stärke vertreten ist spielt bei dieser Graphik keine Rolle.

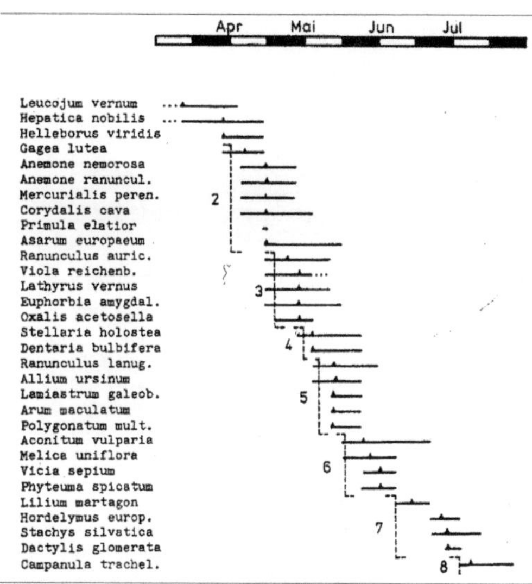

Abb. 9: Blühverlauf in einem Kalkbuchenwald (aus GROCHLA 1984)
(Quelle: Dierschke, 1994, 378)

Die Veränderung des Laubfalls in einem Buchenwald zeigt Abb. 10 und in Abb. 11 wird deutlich wie schnell ersichtlich man die unterschiedliche Jahresrhythmik von ganzen Pflanzenbeständen darlegen kann. Man sieht den direkten Vergleich zwischen dem Bild eines kalten Frühjahrs (1970) im Gegensatz zu einem warmen (1971).

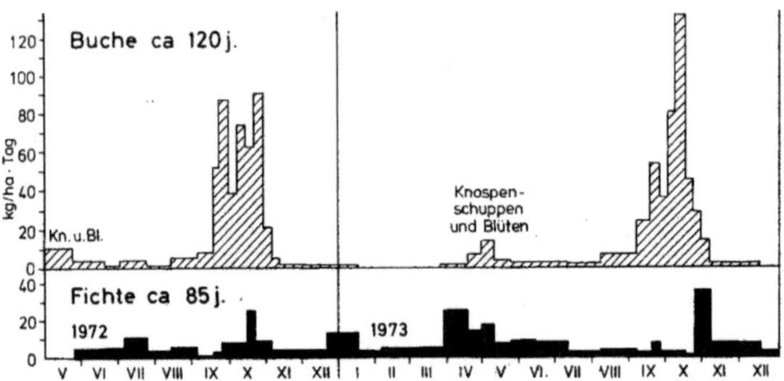

Abb. 10: Laubfallmenge in einem Buchen- und einem Fichtenwald (aus ELLENBERG 1978)
(Quelle: Dierschke, 1994, 377)

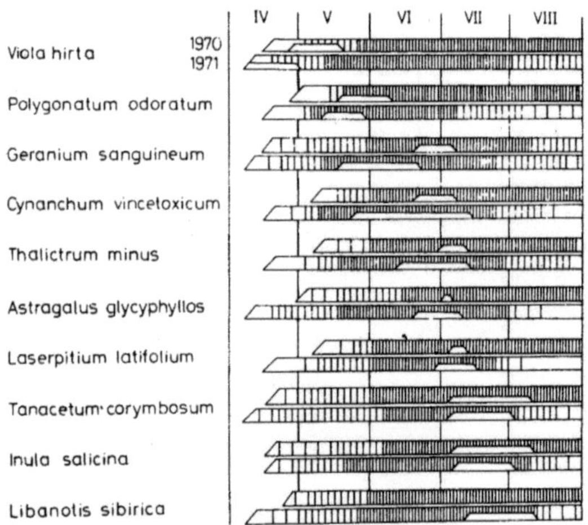

Abb. 11: Pflanzenentwicklung bei verschiedenen Temperaturverhältnissen
(1970 – kaltes Frühjahr / 1971 – warmes Frühjahr)
(Quelle: Dierschke, 1994, 377)

Bei diesem Vergleich wird wieder einmal deutlich wie sehr der Faktor Wärme bzw. Lufttemperatur auf die Entwicklung Einfluss nimmt. An Standorten mit höherer mittlerer Temperatur zeigen sich also auch die einzelnen Phänostufen früher, und auch über längere Zeit. Dass auch der Mensch Einfluss auf den Wärmehaushalt an bestimmten Standorten haben kann, und damit auch die Pflanzenentwicklung verändert, zeigt das folgende Kapitel.

II. Das Stadtklima – Einfluss auf die Phänologie am Beispiel München

Städte gelten als Wärmeinseln, der mitunter wichtigste Faktor für die Entwicklung einer Pflanze ist wärme, damit liegt die Vermutung nahe dass sich auch die Pflanzen in einer Stadt völlig anders entwickeln als in ländlichen Gegenden. Wie stark der Einfluss eines eigenen Großstadtklimas auf die Phänologie ist zeigt das folgende Beispiel München.

II.1. Aufnahmeumstände

In fünf phänologischen Beobachtungsstationen wurden Pflanzen beobachtet. Der gewählte Zeitraum der Aufzeichnungen war 40 Jahre, genauer von 1950 bis 1990. Um nun den Vergleich zwischen der städtischen und der ländlichen Entwicklung machen zu können wählte man eine Station in München (Botanischer Garten) und vier in unterschiedlichen Entfernungen zum Stadtkern (s. Abb. 12).

Station	Lage	Geogr. Br. [°.']	Geogr. L. [°.']	Höhe ü. NN [m]	Distanz zum Stadtkern [km]
München-Stadt (Botan. Garten)	Stadt	48.10	11.29	510	6,7
Dietersheim	Land	48.17	11.41	470	17,0
Karlsfeld	Land	48.13	11.29	490	11,4
Siegertsbrunn	Land	48.01	11.44	580	17,7
Weichs	Land	48.23	11.25	470	29,2

Abb. 12: Beobachtungsstationen in München und Umland
   (Quelle: Rötzer/Sachweh, 1995, 12)

Die Beobachtung richtet sich auf den Termin des Blühbeginns von vier repräsentativen Pflanzenarten. Als empfindliche Bioindikatoren gelten Schneeglöckchen und Forsythie (Rötzer/Sachweh,1995,12), erstere ist zum Beispiel das anerkannte Merkmal für den Beginn des Vorfrühlings. Die Zeit der zweiten und dritten Phänophase beginnt mit der Blüte der anderen beiden Pflanzen, nämlich mit der Kirsche der Erstfrühling und mit der Apfelblüte der Vollfrühling. Abgesehen davon liefern Gehölzpflanzen generell eine zuverlässige Datengrundlage, da man bei ihnen die Beobachtungen an derselben Pflanze wie im Vorjahr fortsetzen kann. Das nun über den genannten Zeitraum in Tabellen und dergleichen gesammelte Datenmaterial muss nun aufgearbeitet werden um als Ergebnis gewisse Trends in der Entwicklung unserer Pflanzenwelt erkennen zu können. Daraus kann man dann auch eventuell Schlüsse ziehen wie sich fortlaufende Verstädterung auf die jährliche Entwicklungsrhythmik unseres natürlichen Raumes auswirkt.

II.2. Datenerfassung und Ergebnisse

<u>II.2.a. Vergleich von Einzelterminen</u>

Der Vergleich zwischen den Blühterminen in der Stadt und denen auf dem Land wird anhand des mittleren, des frühsten und des spätesten Blühtermins im Beobachtungszeitraum gezogen. Die Termine werden getrennt nach Stadt und Land ermittelt, wobei die vier Landstationen dabei zusammen betrachtet werden (s. Abb. 13). Um die Veränderung deutlich zu machen wurde eine Differenz Stadt minus Land ermittelt (LANDSBERG, 1981). Sie zeigt an wie viel früher oder auch später die Blüte bei den einzelnen Pflanzenarten im Vergleich der Stadt zum Umland aufgetreten ist. In der Abbildung sieht man dass bei allen Pflanzen eine Verfrühung der Blüte in der Stadt festzustellen war. Die extremsten Werte zeigt das Schneeglöckchen, aber auch bei Forsythie beim Minimalwert, und beim Apfelbaum beim Maximalwert zeigen sich deutliche Differenzen zwischen der städtischen und der ländlichen Pflanzenentwicklung. Ursache für derartige Abweichungen ist das sogenannte Stadtklima. Durch Versiegelung der Landschaft, Bebauung und die vom Menschen produzierte Wärmeenergie in Form von Autos, Klimaanlagen, etc. steigen die mittleren Temperaturwerte in der Stadt. Die Temperatur ist für Pflanzen ein ausschlaggebender Faktor wie gut und wie schnell sie sich entwickeln können. Bei vergleichsweise höheren Werten gegenüber dem Umland gelangen die in der Stadt wachsenden Pflanzen dann auch schneller zur Blüte.

Schneeglöckchen	$\overline{x}$	x_{min}	x_{max}
München-Stadt	21. Feb.	18. Jan.	25. Mär.
München-Land	11. Mär.	4. Feb.	7. Apr.
Differenz [Tage]	- 18	- 17	- 13

Süßkirsche	$\overline{x}$	x_{min}	x_{max}
München-Stadt	21. Apr.	26. Mär.	11. Mai
München-Land	27. Apr.	30. Mär.	13. Mai
Differenz [Tage]	- 6	- 4	- 2

Forsythie	$\overline{x}$	x_{min}	x_{max}
München-Stadt	1. Apr.	20. Feb.	2. Mai
München-Land	11. Apr.	10. Mär.	5. Mai
Differenz [Tage]	- 10	- 18	- 3

Apfel	$\overline{x}$	x_{min}	x_{max}
München-Stadt	3. Mai	3. Apr.	18. Mai
München-Land	8. Mai	8. Apr.	29. Mai
Differenz [Tage]	- 5	- 5	- 11

Abb. 13: Mittelwerte und Extremata der Blühtermine
(Quelle: Rötzer/Sachweh, 1995, 13)

<u>II.2.b. Trends in der Pflanzenentwicklung</u>

	Schneeglöckchen	Forsythie	Süßkirsche	Apfel
München-Stadt	- 7,0	- 1,1	- 1,0	- 0,3
München-Land	- 3,3	- 0,7	+ 0,5	+ 0,9
Differenz	- 3,7	- 0,4	- 1,5	- 1,2

Abb. 14: Trends in der zeitlichen Entwicklung der Blühtermine
(Quelle: Rötzer/Sachweh, 1995, 14)

Betrachtet man nicht nur einzelne Mittel- und Extremwerte sondern wertet mehrere Daten über den gesamten Zeitraum aus kann man Trends in der Entwicklung über diese 40 Jahre feststellen. Abb. 14 zeigt den Trend des Blühbeginns für die bekannten Stationen in München und dessen Umland. Die Tabelle zeigt die Verschiebung der Blüte in Tagen pro Dekade, wieder getrennt nach Stadt und Land und als Gesamtwert in der Differenz. Ein negatives Vorzeichen bedeutet dass die Blüte früher, ein negatives dass sie später eintritt. Der Trend in der Stadt geht bei allen Pflanzen zu einer Verfrühung des Blühbeginns, bei Schneeglöckchen wieder am deutlichsten sichtbar. Auf dem Land sind die Trends vergleichsweise schwach und bei zwei Arten sogar positiv. Auch hier fällt das Schneeglöckchen wieder aus der Reihe mit einem im Gegensatz zu den anderen Pflanzen hohen Wert.

Ursache für die Trends ist im Stadt/Land-Vergleich die selbe wie bei der Betrachtung der Einzelwerte, nämlich das Stadtklima. Für die Trends bei den Einzelpflanzen gibt es klimatische Ursachen. Das Schneeglöckchen ist der Indikator für ein Ende der kalten Jahreszeit und den Beginn des wärmer werdenden Frühjahrs. In den letzten Jahrzehnten hat sich ein deutlicher Trend zu milderen und kürzeren Wintern herausgebildet, demnach sind für das Schneeglöckchen auch schon früher die passenden Lebensbedingungen gegeben. Die Kombination aus wärmer werdenden Wintern und dem warmen Stadtklima führt dann zu solchen Extremtrends wie in Abb. 14. Die anderen drei Pflanzen zeigen solche Extremata nicht. Ihre Entwicklung wird hauptsächlich durch das vorherrschende Frühjahrsklima beeinflusst. Da dieses aber im betrachteten Zeitraum kaum Veränderungen gezeigt hat bleiben auch die Trendwerte relativ niedrig, das heißt die Blühtermine in aufeinanderfolgenden Jahren bleiben annähernd konstant.

Eine grobe Angabe einzelner Blühtermine zwischen 1950 und 1990 gibt Abb. 15. Anhand der ermittelten Werte lässt sich eine Trendgerade einfügen deren Verlauf die in der Trendtabelle festgehaltenen Zahlenwerte noch mal graphisch verdeutlicht. Der Trend zur Verfrühung ist durch die abwärts gerichteten Geraden für die Stadtwerte deutlich zu erkennen, bei Kirsche und Apfel ist aber auch der Verspätungstrend auf dem Land gut auszumachen.

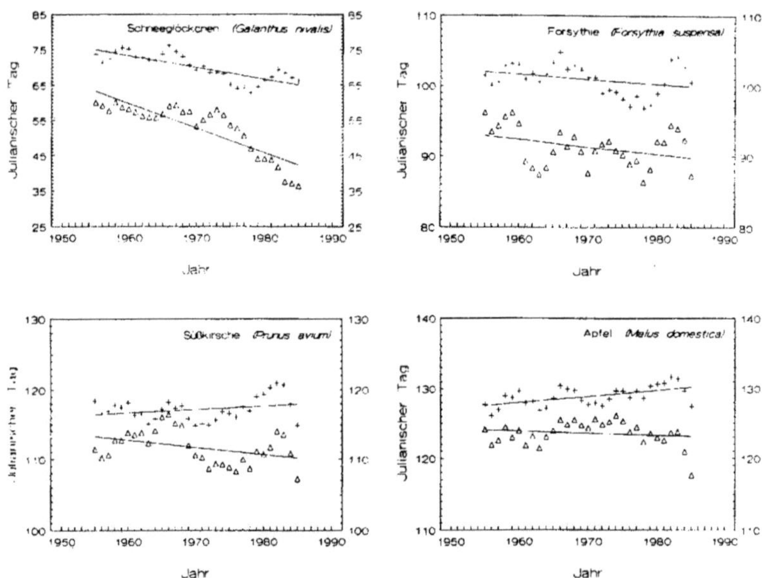

Abb. 15: Blühtermine zwischen 1950 und 1990 und daraus ermittelter Trend
(Quelle: Rötzer/Sachweh, 1995, 15)

Die eben genannten Veränderungen durch das Stadtklima werden durch fortlaufende Verstädterung in Deutschland nur noch verstärkt, und dadurch wächst auch der Trend zur weiteren Verfrühung des Eintritts einzelner pflanzenphysiologischer Entwicklungsstufen. Durch Suburbanisierung, also die vermehrte Besiedelung des städtischen Umlandes wird der Einfluss des Menschen auf die Phänologie noch weiträumiger, und kann auf Dauer dazu führen dass sich unser Vegetationsbild im Jahresverlauf dauerhaft ändert.

III. Zusammenfassung

Die Phänologie ist die Wissenschaft die sich mit der Veränderung von Pflanzenmerkmalen beschäftigt die in Folge klimatischer Gegebenheiten zeigt. Dafür teilt sie die aufeinanderfolgenden Merkmale in 11 Phänostufen. Sie geben auch bei grundlegend verschiedenen Pflanzen anhand von Zahlen ähnliche Entwicklungsstufen in denen sich die Pflanzen befinden wieder. Einzelne Pflanzenarten die in ihrem Entwicklungsrhythmus ähnlich sind können zu phänologischen Pflanzentypen zusammengefasst werden, z.B. anhand eines bestimmten Merkmals wie dem Blühbeginn. Mit Hilfe einiger Phänostufen wurde in der Vergangenheit das Jahr in 9 Abschnitte geteilt, die sog. Phänophasen oder auch phänologische Jahreszeiten. Vor allem der Blühbeginn bestimmter Pflanzen ist Grundlage für die Einteilung, wie z.B. die Schneeglöckchenblüte als Zeichen für das Winter-Ende. Anhand von Phänostufen kann man die Entwicklung einzelner Arten aber auch ganzer Bestände genau zeitlich festhalten und sie dann in Tabellen eintragen die eine genaue Zuordnung der Phänostufen zu den einzelnen Aufnahmezeitpunkten, und auch eine Zuordnung zu den Phänophasen möglich macht. Um die Unübersichtlichkeit solcher Tabellen zu verringern werden die Werte auch in Phänospektren übertragen. Dort werden die Zahlenwerte so genau wie möglich graphisch, anhand von Querbalken dargestellt. Verschiedene Höhen oder Schraffierungen geben den Entwicklungsstand wieder. Der Zeitraum für eine phänologische Beobachtung sollte mindestens 10 Jahre betragen, wie in der Klimatologie üblich werden aber auch hier längere Zeiträume für genauere Ergebnisse bevorzugt. Die Regel sind 30 Jahre, der Zeitraum kann diese aber auch weit überschreiten.
Am Beispiel München ist zu sehen wie sehr sich menschlicher Einfluss auf die Vegetation auswirkt. An fünf Beobachtungspunkten wurden Daten gesammelt, einer davon in der Stadt, die anderen vier im Münchner Umland. Beobachtet wurden Schneeglöckchen, Forsythie, Apfel und Kirsche über einen Zeitraum von 40 Jahren (1950-1990). Die Datenerfassung konzentriert sich auf das Merkmal des Blühbeginns. Die einzelnen Blühtermine von Stadt und Land wurden nun über den gesamten Zeitraum für jede Pflanze einzeln, anhand der Extremwerte des frühesten und spätesten Termins, und des Mittelwerts des Erblühens verglichen. In der Stadt ist bei jeder Pflanze eine Verfrühung des Blühtermins festzustellen, die Ursache ist die Erwärmung der Städte durch Bebauung, Verkehr, etc., auch als Stadtklima bezeichnet. Da Wärme für die Pflanzenentwicklung sehr von Bedeutung ist kann sie in diesen Wärmeinseln schon früher und auch länger ablaufen. Betrachtet man nun eine größere Zahl von Werten kann man Trends der Pflanzenentwicklung ausmachen. Wieder getrennt nach den Arten und nach Stadt und Land wurde die Zahl der Tage ermittelt um die sich der Blühtermin pro Dekade nach vorne oder auch hinten verschiebt. In der Stadt geht der Trend bei allen beobachteten Arten zu einer Verfrühung des Termins, auf dem Land ist er relativ konstant, nur Das Schneeglockchen hat weit höhere Werte als die anderen. Grund dafür ist dass das Schneeglöckchen den Beginn des Frühlings anzeigt, es folgt also dem Trend zu milderen Wintern der in den letzten Jahrzehnten festgestellt wurde. Die anderen Pflanzen sind vom Frühjahrsklima beeinflusste Arten, dieser Zeitraum hat sich aber kaum verändert, demnach auch die natürliche Entwicklung der Pflanzen nicht.

<u>Literaturverzeichnis</u>

Dierschke, Hartmut, 1994, Pflanzensoziologie. - Stuttgart. 362-391

Winkler, Siegfried, 1980, Einführung in die Pflanzenökologie. - Stuttgart. 106-116

Schmidt, Gerhard, 1969, Vegetationsgeographie auf ökologisch-soziologischer
     Grundlage. - Leipzig. 79-84

Rötzer, Th. / Sachweh, M., 1995, Klimaänderungen im Spiegel phänologischer Zeitreihen.
     -    In: Arboreta Phaenologica, Offenbach a. M., 11-16

Brunotte, E./Gebhardt, H./Meurer, M./Meusburger, P./Nipper, J.(Hg.), 2002, Lexikon der
     Geographie in vier Bänden. – Berlin.

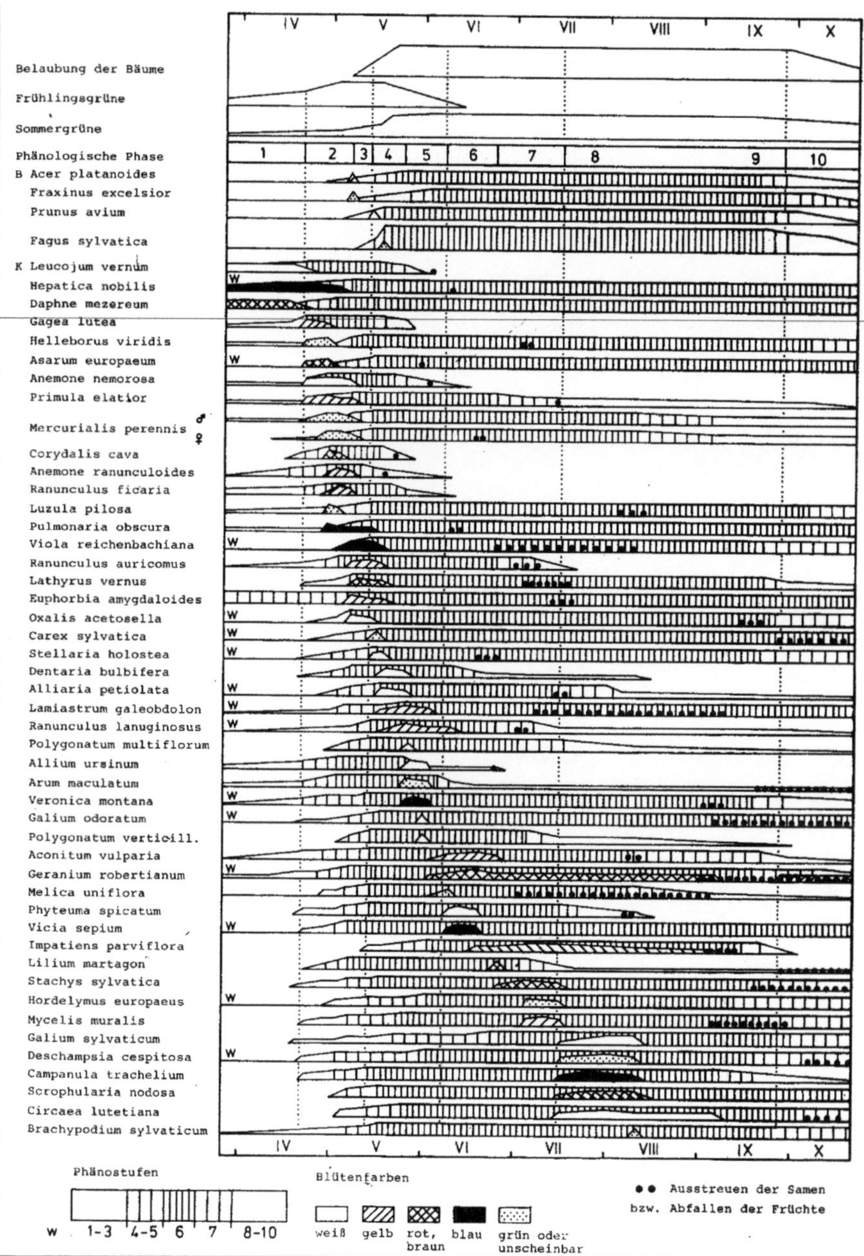

Abb. 7: Phänospektrum eines Kalkbuchenwaldes (Quelle: Dierschke, 1994, 373)